你愿意去地球上的极限之地
进行一次旅行吗？
你愿意接受挑战？
你愿意经历全新的体验吗？

是时候探索地球、了解极限了。接下来，等着你去经历的有高耸入云的群山和深入地球腹地的岩洞，夺人心魄的火山和气温难耐的沙漠，永无尽头的河流和渺无人烟的岛屿，终年雨水的村庄以及一望无际的盐场……相信你会度过一个绝对与众不同的"极限"假期。

怎么样？你敢来吗？

太阳系的诞生

我们居住的地球是一个非常古老的星球,它的生命久远得超过了你的想象。关于它的起源,可以追溯到太阳系的诞生。所谓太阳系,是指由太阳为中心,和其他所有受到太阳引力约束的天体构成的大名鼎鼎的星球家族。那么,太阳系是什么时候诞生的呢?据天文学家推测,大约是于银河系46亿年前产生的。据说起初产生于星际云的内部,由尘埃和气团构成,貌似一个巨大的圆盘。在几百万年的时间更迭中,这个圆盘越转越快,变得越来越扁,密度越来越大,在中心处形成了一个圆形的内核,而且温度达到了最高点,这就是太阳的初始形态。最后,当这个圆球的中心温度达到一千万摄氏度时,太阳发生了首次燃烧,正如科学家们所说,太阳中心发生了强烈的聚变反应,产生了氢和氦。这种转变过程从最初就释放出光和热,迄今为止,太阳一直在发光发热。

地球险境
历险记

献给那些想了解
"地球之最"的人

〔阿根廷〕马里亚诺·里巴斯　著
〔阿根廷〕哈维尔·巴西勒　绘
魏淑华　译

石油工业出版社

爱丽丝童书大冒险

本系列图书是阿根廷优秀的儿童科普读物,由阿根廷天文学家和布宜诺斯艾利斯大学历史学及设计学的老师联手打造,内容**专业权威**。在阿根廷受到了读者的追捧,多次再版。

《太阳系险境历险记》《地球险境历险记》这两本书的读者群广泛,**老少皆宜**,只要你喜欢冒险,就适合你。相信它们肯定会带给你不一样的阅读体验!

Extreme Earth Tour Guide
Author: Mariano Ribas
Illustrator: Javier Basile
Copyright © ediciones iamiqué, 2016
Simplified Chinese Copyright © Petroleum Industry Press, 2017
This Simplified Chinese edition is published by arrangement with ediciones iamiqué S.A., through The ChoiceMaker Korea Co.
All rights reserved.

本书经阿根廷ediciones iamiqué S.A.授权石油工业出版社有限公司翻译出版。版权所有,侵权必究。
北京市版权局著作权合同登记号:01-2017-7226

图书在版编目(CIP)数据

地球险境历险记 /(阿根廷)马里亚诺·里巴斯著;(阿根廷)哈维尔·巴西勒绘;魏淑华译. -- 北京:石油工业出版社,2018.1
ISBN 978-7-5183-2207-7

Ⅰ.①地… Ⅱ.①马… ②哈… ③魏… Ⅲ.①儿童故事—图画故事—阿根廷—现代 Ⅳ.① I783.85

中国版本图书馆 CIP 数据核字(2017)第 255496 号

总 策 划:	张卫国 周家尧
选题策划:	鲜德清 艾 嘉
艺术统筹:	艾 嘉
责任编辑:	曹秋梅
营销编辑:	张 哲
出版发行:	石油工业出版社

(北京安定门外安华里 2 区 1 号楼 100011)
网 址:www.petropub.com
编辑部:(010)64523614
团购部:(010)64523731 64523649
经 销:全国新华书店
印 刷:鹤山雅图仕印刷有限公司

2018 年 1 月第 1 版 2018 年 1 月第 1 次印刷
889×1194 毫米 开本:1/16 印张:3.75
字数:50 千字
定价:24.80 元

(如发现印装质量问题,我社图书营销中心负责调换)
版权所有,翻印必究

大气层的形成

从地球的诞生之初，周围就包裹着浓厚的、受重力制约的气团。40亿年前，这些气团主要来自火山喷发产生的气体，产生了水蒸气、二氧化碳、二氧化氮以及其他物质。几千万年之后，随着地球温度的冷却，大气层中的气体凝结，产生丰沛的雨水，形成了海洋，而剩下的气体和地表的岩石以及其他物质产生了化合作用。

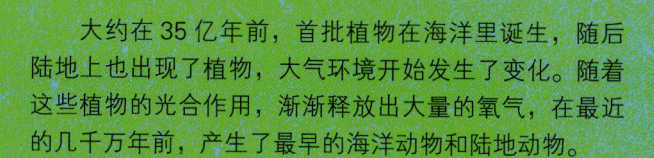

大约在35亿年前，首批植物在海洋里诞生，随后陆地上也出现了植物，大气环境开始发生了变化。随着这些植物的光合作用，渐渐释放出大量的氧气，在最近的几千万年前，产生了最早的海洋动物和陆地动物。

现在的大气层的厚度在几百千米，在中纬度地区从地面到11—12千米以内的这一层空气，是大气层最底下的一层，叫作对流层。主要的天气现象，如云、雨、雪、雹等都发生在这一层里。大气层主要由两种气体组成，氮气（78%）和氧气（21%），其余的是水蒸气、二氧化碳和其他数量微小的物质。

大气层对于地球上的生命至关重要，不仅拥有我们赖以呼吸的氧气，而且还能调节地球的温度，地球表面上水的出现也是因为有了大气层才变成可能的。除此之外，大气层好像盾牌一样保护着我们不受来自宇宙的威胁，比如危险的辐射、太阳风暴以及来自外太空岩石的冲击。

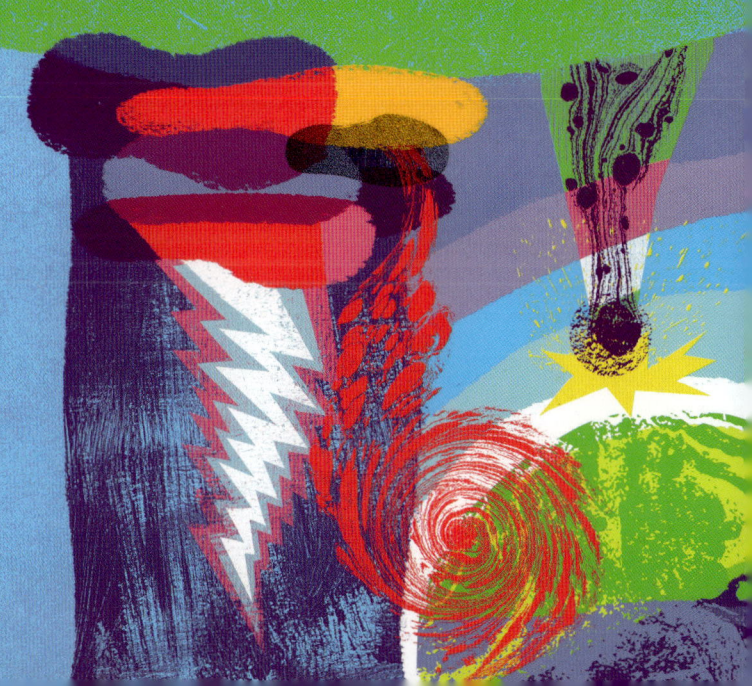

不断运动的世界

地壳，就是我们说的地球表面，与坚实的地心和地幔相比，可以说是相当的脆弱，因为它仅仅只有20多千米的厚度。如果说地球好像一个苹果，那么地壳就好像苹果皮，尽管它很"薄"，却拥有十分重要的地位，因为地壳是陆地和海洋的基础。

在地壳表面发生过和正在发生着的种种变化，在漫长的历史岁月中一点点地改变着我们这个星球的面貌，比如说地震、火山喷发、大陆板块漂移、山脉的形成、冰川的移动等活动都发生在地壳表面。这些地壳运动，再加上地质剥蚀，比如风、雨、雪以及洪水使得我们的地球的面貌变得如此之大，也形成了今天如此迥异、壮丽、神奇的地貌。

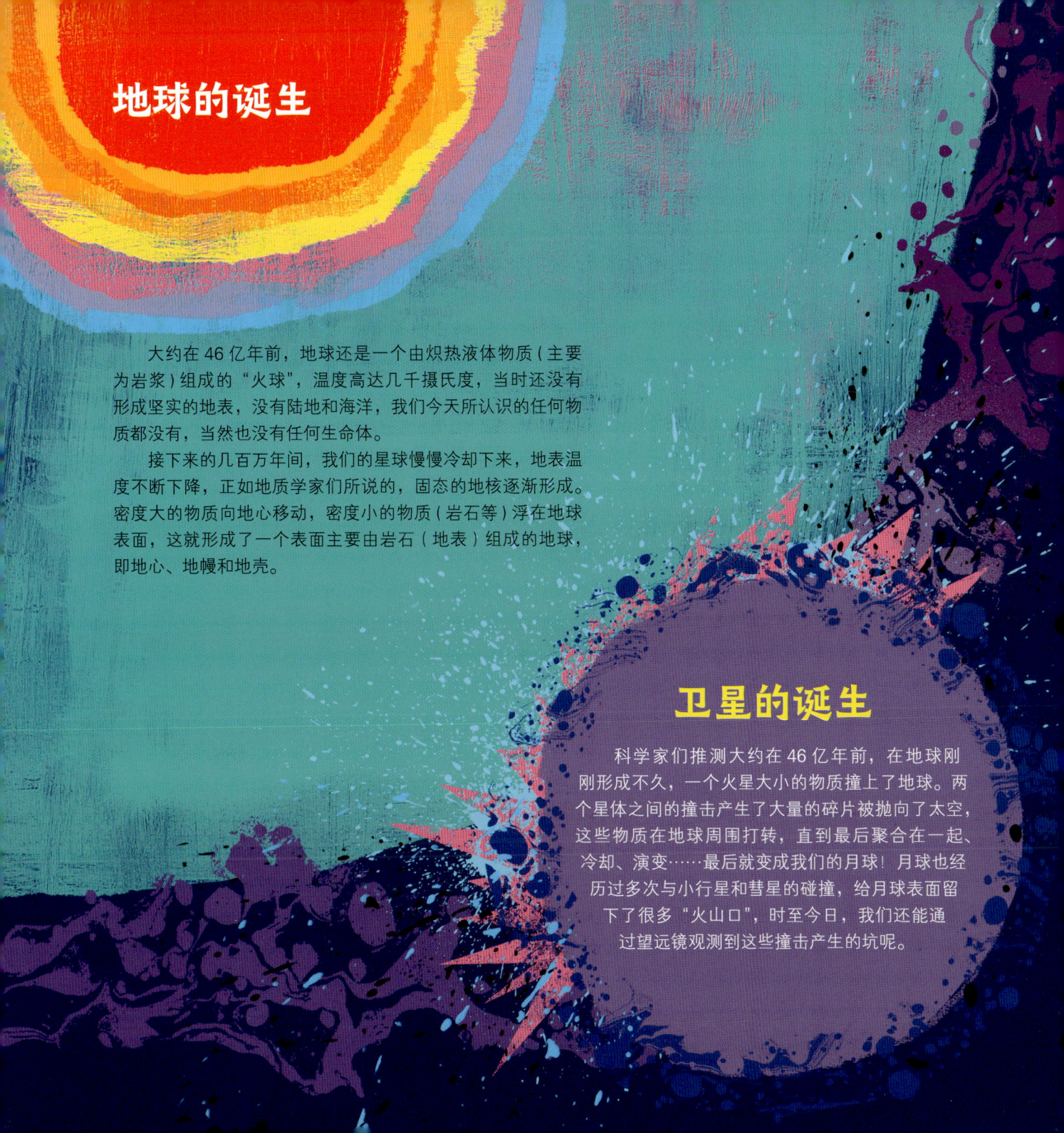

地球的诞生

大约在 46 亿年前,地球还是一个由炽热液体物质(主要为岩浆)组成的"火球",温度高达几千摄氏度,当时还没有形成坚实的地表,没有陆地和海洋,我们今天所认识的任何物质都没有,当然也没有任何生命体。

接下来的几百万年间,我们的星球慢慢冷却下来,地表温度不断下降,正如地质学家们所说的,固态的地核逐渐形成。密度大的物质向地心移动,密度小的物质(岩石等)浮在地球表面,这就形成了一个表面主要由岩石(地表)组成的地球,即地心、地幔和地壳。

卫星的诞生

科学家们推测大约在 46 亿年前,在地球刚刚形成不久,一个火星大小的物质撞上了地球。两个星体之间的撞击产生了大量的碎片被抛向了太空,这些物质在地球周围打转,直到最后聚合在一起、冷却、演变……最后就变成我们的月球!月球也经历过多次与小行星和彗星的碰撞,给月球表面留下了很多"火山口",时至今日,我们还能通过望远镜观测到这些撞击产生的坑呢。

行星的诞生

太阳形成之后，在它周围还剩余一些物质，围绕着太阳在不断运转。其中质量较大的一些物质，比如铁、氧、氮、镁等物质之间的距离越来越近，聚合成直径几百米或是几千米的物体，被称作"微行星"。这些物质在相互的碰撞和融合过程中，密度越来越大，就这样，形成了八大行星：水星、金星、地球、火星、木星、土星、天王星和海王星，以及卫星、矮行星和数以亿计的太阳系小天体。

那么在距离太阳更遥远的地方发生了什么？太阳光和太阳风（太阳向四面八方发射的一种高速粒子流）把那些质量较轻的物质——主要是氢和氦推向更远的地方。这些气体就是最初构成八大行星的物质，在它们四周悬浮的物质，又产生出数量极多的卫星。

而另外那些被太阳"吹散"的气体，飘散到更远的地方，由于温度极低（零下200摄氏度）而凝结成冰团，这些物体数量可达几百万，在其中就有冥王星、阋神星、谷神星、鸟神星、妊神星和其他被称为矮行星的星体，构成了所谓的"柯伊伯带"。

其他更小的星体也产生于柯伊伯带，例如20世纪一位天体学家描述为"脏雪球"的彗星。还有一些彗星去了更遥远的、"欧特云"的边界，这个所谓的"欧特云"是一个无比庞大的、包含整个太阳系的球体云团。

而"欧特云"之外还有无穷无尽的星体，但是那就是另一个故事了……

水和生命

　　水最初到达地球上时就带有生命起源的物质，但是据科学家们推测，由于地球形成的初期温度过高以及不断发生的行星之间的撞击，几乎所有原始状态的水分子都已经蒸发掉或是飘到了外太空。那么，地球上的水是从哪里来的呢？应该是随着地球渐渐冷却，数量众多的小行星和彗星撞击到了地球的表面，这些星体从外太空间带来了水——当然是以冰的形态，撞击产生巨大的陨石好似容器一般，携带着水分子，纷纷降落在地球表面，经历了漫长的、被天文学家称为宇宙大爆炸后期的阶段，直到距今 39 亿年前才结束这一过程。

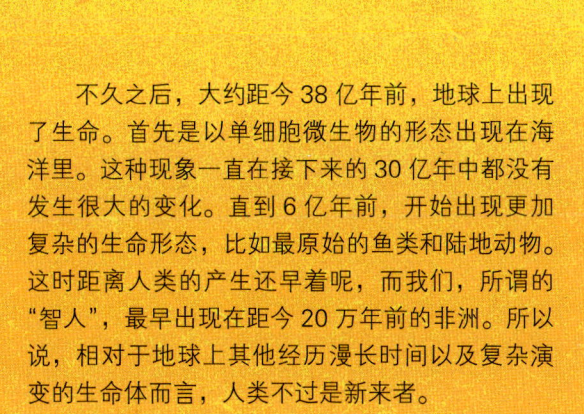

　　不久之后，大约距今 38 亿年前，地球上出现了生命。首先是以单细胞微生物的形态出现在海洋里。这种现象一直在接下来的 30 亿年中都没有发生很大的变化。直到 6 亿年前，开始出现更加复杂的生命形态，比如最原始的鱼类和陆地动物。这时距离人类的产生还早着呢，而我们，所谓的"智人"，最早出现在距今 20 万年前的非洲。所以说，相对于地球上其他经历漫长时间以及复杂演变的生命体而言，人类不过是新来者。

准备好出发了吗？
为你量身打造的旅行！

极限攀登之旅
- 12 登山旅行
- 13 珠穆朗玛峰：世界第一高峰
- 14 钦博拉索山：距离地心最远的山
- 15 芒特索尔山：地球上最高的垂直峭壁
- 16 城市之旅：两座"天空之城"

极限最深之旅
- 18 死海：世界最低处
- 19 库鲁伯亚拉洞穴：世界最深的"无底洞"
- 20 马里亚纳海沟：世界最深的海沟
- 22 杰里科：世界上海拔最低的城市

极限刺激之旅
- 24 地球上的烟囱
- 25 基劳亚火山：世界上最活跃的火山
- 26 冒纳罗亚火山：世界上最大的火山
- 27 印度尼西亚：火山之国
- 28 让人"心神不宁"的目的地
- 29 地动山摇的国家
- 30 海啸席卷的国家

极限温度之旅
- 32 地区和温度
- 33 加利福尼亚州死亡谷：热到无法呼吸
- 34 地球上其他的"炼狱"之国
- 35 南极沃斯托站：世界上最冷的地方
- 36 世界上最冷的村庄：奥伊米亚康村

极限玩水之旅
- 38 江河浩瀚，海洋无边
- 39 里海：世界上最大的咸水湖
- 40 亚马孙河："地球绿肺"
- 42 安赫尔瀑布：世界上落差第一大瀑布
- 43 伊瓜苏大瀑布：世界上最宽的瀑布
- 44 奥霍斯德尔萨拉多池：世界上最高的火山池

极限孤寂之旅
- 46 复活岛：最与世隔绝的大陆
- 47 特里斯坦—达库尼亚群岛：世界上最偏远的群岛
- 47 布韦岛：世界上最遥远的无人岛
- 48 阿勒特站：最靠近北极的地方
- 49 阿蒙森—斯科特站：最靠近南极的地方
- 50 人类到达的最远的地方

极限奇趣之旅
- 52 哥伦比亚约罗：世界上降雨量最多的地方
- 53 阿塔卡马沙漠：世界上最干燥的地方
- 54 乌尤尼盐湖：含盐量最高的盐湖
- 55 杰克山冈：地球上最古老岩石的发现地

极限攀登之旅

推荐给喜欢
体验高峰之
巅的人

登山旅行

几个世纪以来，人们曾经认为在山里居住着很多的怪兽和巫师，所以很少有人敢只身前往。瑞士博物学家康拉德·格斯纳（1516—1565）是第一个开始深入山中进行考察和研究的人，从此开始改变了人类了解山川地理的历史。时至今日，对于那些想要探寻壮丽风景和体验神奇的人来说，登山无疑是一个理想的选择。

这些高耸的山峦从何而来呢？答案就在于地球表面的演化运动。我们知道，地壳，类似地球的皮肤，主要分成数十个被称为"板块"的地质结构。就好像一个巨型拼图的碎片一样，这些板块分布在地幔上（地幔，位于地壳之下，地核之上，是一个坚硬的岩石圈，里面包含着地核），并且板块一直缓慢地移动。在某些地方有时会发生板块之间的碰撞。板块的边缘在碰撞时会产生褶皱以及被抬高，就这样形成了巨大的山体。也可以说，山脉都是地表的这些"褶皱"而已。

有一点很重要：这些"褶皱"可不是几分钟就能形成的，山脉的形成需要长达数百万年之久的时间，例如欧洲的阿尔卑斯山、美洲的安第斯山脉以及亚洲的喜马拉雅山，都可谓气势雄浑。那么，这些山脉还会继续长高吗？尽管这些山脉确实已经高耸入云，甚至达到了海拔几千米的高度，但是依然没有结束长高。这些山脉年复一年，都在继续拔高。

山的年龄

世界上非常大的山脉，例如喜马拉雅山脉和安第斯山脉，它们的年龄都超过了两千五百万年，但是如果和形成于大约4亿年前的阿巴拉契亚山脉相比，还算是非常年轻的山脉。要是论起年老来，在非洲和澳大利亚有很多的山系都非常古老了，有些甚至超过了30亿年，真是不可思议啊。

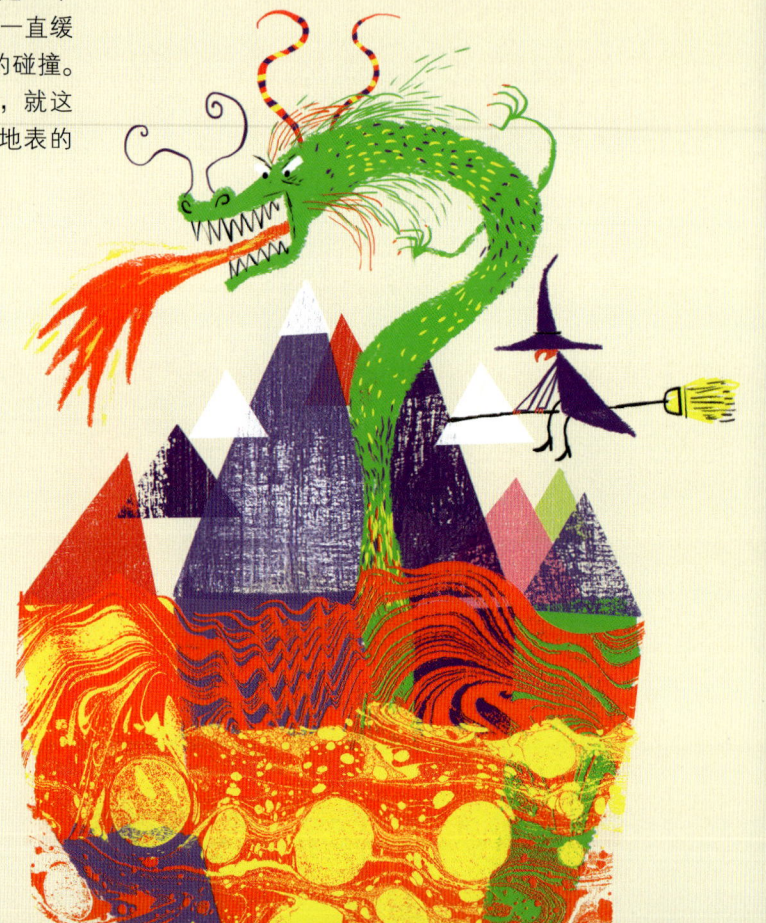

目的地

珠穆朗玛峰：世界第一高峰

基本情况

由于山体高度的原因，除了必需的装备和厚外套之外，你还应该携带氧气罐和氧气面罩，因为山顶的空气稀薄，空气密度仅仅是山脚的三分之一。

如何到达

在北京或上海搭乘火车可以到达尼泊尔，另外一种选择是直接去尼泊尔的首都加德满都，然后从那儿前往珠穆朗玛峰。大多数情况下，你需要两天多的时间才能到达。

距今1000万年前当印度洋板块挤压亚欧板块时，地壳隆起就形成了喜马拉雅山脉。这座气势雄浑的山脉拥有世界上最高的山峰——珠穆朗玛峰，是所有爱好登山、体验极限的人心中的第一圣地。珠穆朗玛峰高8848.43米，是地球上人们已经知道的山顶到海平线的最高高度（通常是以地平线的"零高度"作为标尺）。

1865年英属印度测量局局长英国人安德鲁·沃为了为纪念前任局长乔治·额菲尔士，将此座山峰改名为额菲尔士峰。但是你要知道，这座举世闻名的山峰拥有众多的名字，在尼泊尔它被称为萨加马塔峰，意思为"天之首"，而在中国它被称为珠穆朗玛峰，意思为"大地之母"。

不管你相信与否，珠穆朗玛峰还在继续长高，因为喜马拉雅山脉所属的印度洋板块还在继续运动之中。据地理学家称，珠峰每年大概长高4毫米。按照这个速度，在一个人的一生里（按100年计算），珠峰将会长高40厘米，而过1000年，它就会长高4米！

珠穆朗玛峰

目的地

钦博拉索山：距离地心最远的山

14

极限攀登之旅

钦博拉索山

基本情况

钦博拉索山是厄瓜多尔的骄傲，甚至在国徽里面都能看见它的身影。天气晴朗的时候，从厄瓜多尔最大的海港城市瓜亚基尔，方圆142千米的地方都可以看得到钦博拉索山。当地的居民——普鲁亚人曾经把此座山峰奉为神明。

如何到达

首先得先到达厄瓜多尔的首都基多，然后往西南150千米到达钦博拉索山自然保护区，在这个神奇美丽的地方你还可以看到安第斯山脉原生的骆驼科动物，例如大羊驼、小羊驼和骆马等。

我们的地球并不是一个完美的球形，也不是标准的椭圆球形，而是一个南大、北小、中间鼓的"梨形"，也就是说，地球的赤道的半径比两极的半径要大，这使钦博拉索山成为一个有趣的目的地。

钦博拉索山是一座圆锥形的死火山，海拔6310米，这样算起来，还比珠穆朗玛峰低2538米，那么它怎么能被列入"极限之旅"呢？原来，钦博拉索山完全位于赤道地区，在那里地球的半径达到最大值，也就是说地表距离地心最远，而珠穆朗玛峰位于北纬28度，地表距离地心的位置哪里有钦博拉索山距离地心远。

这种差异使钦博拉索山的顶峰距离地心是6384.4千米，而珠穆朗玛峰距地心的距离为6382.3千米，比钦博拉索山少2.1千米。当你到达钦博拉索山顶时，也意味着比在地球上其他任何地方，你可能距离太阳或是月亮更近。

目的地

芒特索尔山：地球上最高的垂直峭壁

基本情况

庞纳唐是因纽特人居住的一个偏远小镇，你可以在那里落脚，但是要记住：一定要在夏天前往，因为冬天时当地的气温大概会达到零下 30 摄氏度，而且狂风呼啸，终日黑暗。

如何到达

从加拿大首都渥太华乘坐飞机可以到达庞纳唐，然后再乘船直接到达巴芬岛的奥伊特克国家公园，即可到达芒特索尔山。

我们知道珠穆朗玛峰是世界第一高峰，而钦博拉索山是距离地心最远的山峰，但是假如你是一个无畏的登山者，有一座山，尽管不是最高，但确实是一个你应该到达的目的地，那就是芒特索尔山。

这座纯花岗岩构成的山，垂直落差达到 1.25 千米，没有任何一座山峰敢与争锋。

每年来自世界各地的登山爱好者们来到这里试图挑战极限，攀登这个地球上最高的垂直峭壁。然而，开始冒险之旅前，你最好知道所有的专业人士都认为攀登芒特索尔山不仅充满艰辛还是非常危险的。

芒特索尔山

照片拍摄者·帕乌尔·科斯维奇

城市之旅

两座"天空之城"

16

极限攀登之旅

从未有人涉足的山峦

在海洋的深处有高达数千米的山系，1609年意大利的天文学家伽利略用世界上第一台天文望远镜观测到月亮上也有山体；后来，人们通过空间站，也观测到太阳系很多别的星球上也有山系，例如水星、金星、火星，甚至在木星和土星的卫星上也有山的身影。

如果你的目的地不是那些渺无人烟的荒山，那么可以去那些有人居住的高海拔城市看看。有两座城市就是最好的选择：一个是中国的西藏，另一个是秘鲁的拉林科纳达。据世界吉尼斯纪录记载，位于中国西藏地区（珠穆朗玛峰的所在地）的温泉海拔达到了5000米。无独有偶，秘鲁的拉林科纳达那里居住了大约2万人，而海拔达到了5400米，可算得上世界第一。

这两座城市的居民都已经非常适应当地的极端地理条件，那里空气的含氧量较少，气压较低，因此气温十分寒冷。如果你要去那里旅行，那么一定要多穿衣服，不要做剧烈的运动，比如跑啊跳啊，避免因缺氧导致头晕和剧烈的头疼。在这样的"天空之城"生活也不是一件容易的事啊！

秘鲁的拉林科纳达

极限最深之旅

推荐给喜欢体验无限至深的人

📍 目的地

死海：世界最低处

ℹ️ 基本情况

等你到了死海的时候，要一头扎进去试试哦，你会看到相比其他任何地方的海，人会非常容易地漂浮在海面上。原因就在于死海的特征：死海是世界上含盐量最高的海。每升达到了 300 克！平均来讲，它的含盐量是其他海水的十倍之多！当然了，这么高的含盐量，水里就不会有任何生命存在了。没有鱼，没有植物，什么都没有，正因如此，它被叫作"死海"真是恰如其名。

🚌 如何到达

你先得到达耶路撒冷——以色列一个非常文明而又美丽的城市，然后坐大巴行驶 40 千米就可以到达死海的第一个海滩。等你到那儿的时候，你要感受一下自己正走在地球上海拔最低的道路上。

地球上有高山和高原，那么也有"低地"——那些低于海平面的地方，有些只不过是地势低洼，深几米或是几十米。而最极端的例子就是死海，它位于以色列、约旦和巴勒斯坦一些地区的交界点，海拔 422 米，是地球表面的最低点。它的名字虽然是"死海"，但其实是一个长 67 千米，宽 18 千米，平均深度达到 100 米的世界上最大的咸水湖。

📷 死海

极限最深之旅

18

目的地

库鲁伯亚拉洞穴：世界最深的"无底洞"

基本情况

自从被发现之日起，就有很多的探险队深入库鲁伯亚拉洞穴之中，发现了越来越多的神秘之处，关于它深度的记录也被不断刷新。如果你想进去看看自己能走到哪儿，那么一定要穿上厚衣服、戴上头盔并拿上照明设备，因为洞穴之中非常寒冷而且完全没有光线进入，十分黑暗。

如何到达

首先乘坐飞机到达格鲁吉亚的首都第比利斯（格鲁吉亚是一个位于欧洲和亚洲之间的小国家），然后从第比利斯行驶大约450千米到达阿布哈兹共和国（隶属于格鲁吉亚，位于黑海旁）加格拉区，然后到达阿拉贝卡山，库鲁伯亚拉洞穴的入口就位于阿拉贝卡山脚下，海拔约为2250米。

你可以想象出有一个深度达到2000米的地下洞穴吗？这个深度真是让人想想就害怕！库鲁伯亚拉就是这样的一个洞穴，在俄语中，库鲁伯亚拉意思是"乌鸦洞"，位于格鲁吉亚西北方向阿拉贝卡山。它于1960年被发现，是一个巨大的石灰岩构造的地下洞穴，在其中有不计其数的小洞穴相互连接，地下隧道幽深无比，错综复杂，长达13千米，真正算得上一个天然的迷宫。库鲁伯亚拉洞穴只是给那些探险家准备的，在它的内部，一片黑暗之中透着令人不安的死寂。

据乌克兰洞穴探险协会的探险家们预测，库鲁伯亚拉洞穴的深度大致在2200米，也是目前已知的世界上最深的洞穴。

库鲁伯亚拉洞穴

目的地

马里亚纳海沟：世界最深的海沟

极限最深之旅

  一个大型的游泳池的深度大约是 3 米，一条普通的河流大概是 10—20 米深的样子，当然这只是平均数，我们知道有些河流，比如刚果河就超过了 200 米深。但要是在海里，你得下到几百米或是几千米之处才能到达海底。说起海中最深的地方，我们不得不提到著名的马里亚纳海沟，它位于太平洋地区菲律宾以东的海底。

  这个巨大的海沟，仿佛一把弓箭一样，横贯太平洋地区 2500 千米，而它恰恰就在马里亚纳群岛地区达到了最深处——11000 米！你要是觉得这个数字没什么惊奇，可以这样想想，如果把珠穆朗玛峰投入马里亚纳海沟里，那么它几乎不见其踪影，它的峰顶距离海面还有 2000 多千米！

"深海挑战者号"潜水艇

挑战海水的压力

水也有重量，这种重量施加的压力称为"静水压力"。当你潜入游泳池内时，会感到双耳内有种轻微的压迫感。要是潜入更深的地方，静水压力就会变得越来越难以承受，所以职业潜水员一般不会潜入100米以下的地方。因此你可以想一想，超过11000米的深海静水压力能达到多大！有一些数据是非常"令人震撼"的，每平方米的静水压力达到12000吨，所以我们可以推测出来，这就相当于在你的双肩上面承受着一千头大象的重量！

基本情况

最早对马里亚纳海沟展开探测是在1960年，当时是由美国海军利用里雅斯特号潜水艇深入水下10923米完成了测量。几年之后，日本的一艘科学舰队利用雷达系统也得到了相似的数据。最近的几次科学探测确认了马里亚纳海沟的深度在10900—11030米之间，总之，马里亚纳海沟的平均深度达到了11000米！

如何到达

如果你想深入海洋世界的深部，只有一个可行的办法，那就是乘坐像保险柜一样的潜水艇潜入深海。在曾经到达马里亚纳海沟的人当中有一位大名鼎鼎的美国导演詹姆斯·卡梅隆，他曾经乘坐"深海挑战者号"潜水艇深入马里亚纳海沟，在水下，卡梅隆看到了几只奇怪的鱼，这些鱼类能承受如此大的水压而生存，毫无疑问，也算得上"极限之鱼"了。

杰里科：世界上海拔最低的城市

基本情况

首先参观古城遗址，然后你可以乘坐电缆车，几分钟之后到达诱惑山，有阶梯可以到达山上东正教的修道院，在那里可以观赏到整个古城的面貌，如果天空晴朗，还可以看到死海。

如何到达

杰里科是地球上海拔最低的区域，所以如果要到达那里，首先得先到距离它 30 千米的耶路撒冷。你可以把几个著名的景区（比如死海）结合起来，一同纳入你的旅游计划，相信会令人终生难忘。

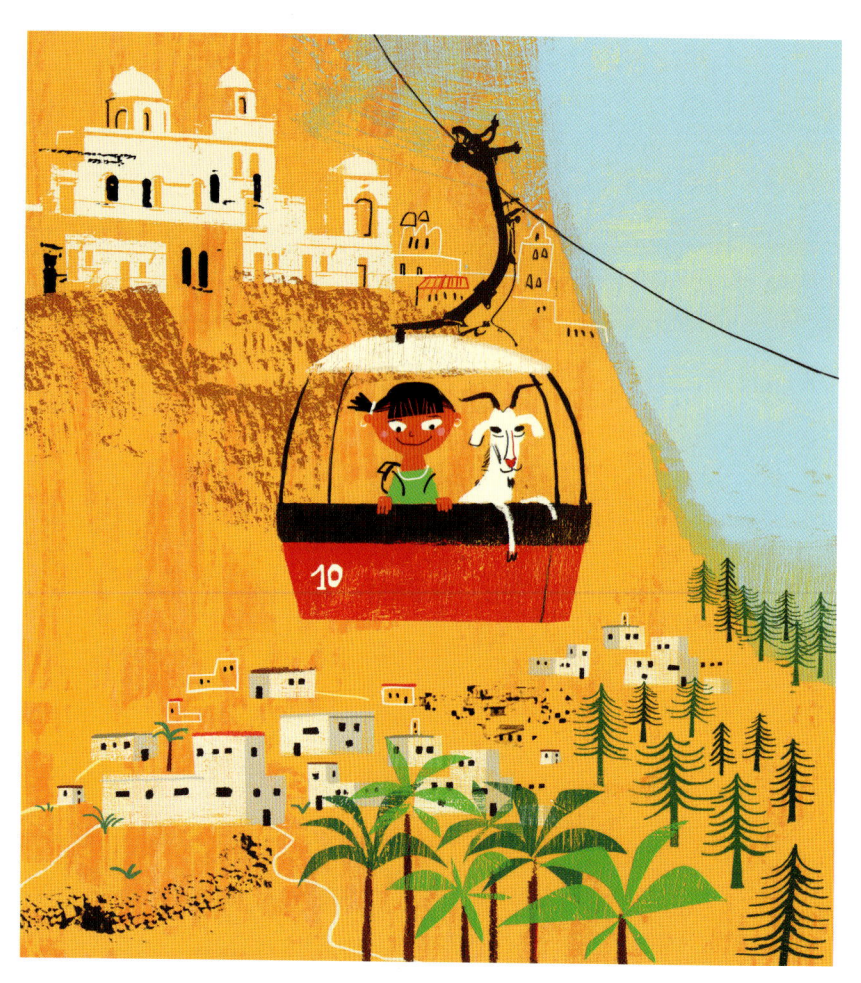

世界上有很多的城市都低于海平面以下，其中海拔最低的当属杰里科，它是约旦河西岸非常古老的城市，属于今天的巴勒斯坦共和国。这座黑海北岸边的古城，低于海平面 240 米。

杰里科城除了是世界上海拔最低的城市之外，也是一座世界闻名的古城。关于它的历史可以追溯到几千年以前，圣经里面还曾经提到过它的名字。根据犹太教和基督教的传统，这里还曾经是犹太民族摆脱了埃及人的奴役、穿越沙漠、历经数十载千辛万苦返回到的地方。

杰里科，约旦河西岸

极限刺激之旅

推荐给喜欢体验"提心吊胆"的人

地球上的烟囱

24

极限刺激之旅

假如你想寻找一个让你体验什么是惴惴不安或是提心吊胆的地方，那么那些会发生猛烈的自然现象的地方应该适合你，例如说你可以前往火山之地。

火山来自地球的内部，它冒出地表之外，好像一个个巨大的烟囱。一眼看上去和普通的山峰没什么不同，但是它可"不安分"。有些火山时不时地会喷发，从火山口中冒出滚滚岩浆，这种黏稠灼热的溶液来自地幔，包含了大量熔化了的岩石和浓烟，当岩浆喷发的时候，经常也伴随着某些灾害，例如喷发出来的火山气体会污染空气，熔岩（熔化了的岩石）好似沸腾的河水一般席卷四周。

去夏威夷看火山！

位于太平洋的夏威夷群岛就是一个火山集中的区域。你会在那里看到五座活火山，还有其他数量众多的岛屿，它们构成了太平洋中部地区的特殊的火山带。随着地下火山的喷发，火山熔岩越来越多，然后堆积在一起，最后慢慢地冒出海平面，就形成了今天的夏威夷火山岛！

📍 目的地

基劳亚火山：世界上最活跃的火山

ℹ️ 基本情况

基劳亚火山位于夏威夷火山国家公园，曾经在1987年被宣布为世界自然遗产。在国家公园内你可以看到各类稀有的鸟禽和巨大的蕨类丛林。由于火山喷发和熔岩留下的痕迹，公园内的景观呈现出多姿多彩的样貌。

✈️ 如何到达

到达夏威夷最简单便捷的方法就是乘飞机到达美国任何一个西海岸的城市，例如旧金山或圣佛朗西斯科，从那儿再搭乘航班，约5个小时就可以到达这个著名的太平洋地区的火山群岛。

据地质学家们说，在地球上存在着很多活火山，也就是说，此类的火山时常会喷发。尽管不容易选出其中哪座火山是最活跃的，但是基劳亚火山确实是当中最突出的。据科学记载这座火山一直保持喷发的状态，然而奇怪的是这座火山好像一直很平静，当地的居民已经把基劳亚火山当作了他们的"火神"。

这座火山高达1111米，如果你觉得它规模庞大，那么接下来最好看看它的"邻居"。

📷 基劳亚火山

USGS-美国地质调查局

目的地

冒纳罗亚火山：世界上最大的火山

26

极限刺激之旅

大塔穆火山：隐身的巨人

近年来，海洋地质学家们发现了一个比冒纳罗亚火山还要庞大的火山，它被命名为大塔穆，位于日本东部大约 1600 千米的太平洋海底，面积超过 30 万平方千米，比整个厄瓜多尔的面积还要大！尽管这座火山高超过 4000 米，但是你却看不到它，甚至连个影子都看不见……因为这座超级火山完全沉没于太平洋的海底，峰顶距离海平面还有 2000 多米，更令人震撼的是，科学家们推测大塔穆火山在太平洋板块的下部还有 30 千米。

　　距离基劳亚火山非常近的地方，就是世界上"可见的火山"当中最大的一座——冒纳罗亚火山，它高达 4170 米，占地面积超过 5271 平方千米。它真是一座庞然大物，在当地夏威夷语中，它的名字代表着"高山"之意。

　　这座火山的外形让人惊叹，但还不止如此：除了冒出海平面的 4000 多米之外，冒纳罗亚火山还有另外的五千多米隐藏在海中，而地质学家们说火山的"主体"还有八千多米延伸到了太平洋板块之下，也就是说，海面之上的高度、加上海中和海下的高度，整个火山的高度大约是 17000 米！

冒纳罗亚火山

目的地

印度尼西亚：火山之国

史上规模最大的火山喷发

　　1883年8月27日，印度尼西亚爆发了近几个世纪以来最惨烈的自然灾害：喀拉喀托火山喷发了。这场灾害直接摧毁了印度尼西亚的一个岛，喷发出来的熔岩使得附近的海水沸腾，引发了40多米高的海啸，使得爪哇岛和苏门答腊岛上160个村庄被巨浪掀翻，直接死亡人数达到36000人。这场火山喷发的威力相当于10颗投掷到广岛的原子弹！而且喷发时产生的巨大爆炸声响传至数千千米之外，直接导致附近的很多海员失聪，这场火山喷发造成的声浪的强度或许是史无前例的。

　　说起火山，东南亚的印度尼西亚算得上火山之国。这个亚洲国家本身就是一个群岛，主要由爪哇岛、苏门答腊岛以及其他数千个小岛组成。在印度尼西亚分布着大约150座火山，其中一半都属于活火山。在该国历史上，曾经很多次经历火山灾害、地震、甚至大规模的海啸，从地理上来讲，印度尼西亚真是一个极端地质条件的国家。

　　这一切不是没有原因的，印度尼西亚恰好处在太平洋火山地震带的边缘，在这个区域，地震和火山频发。这一区域面积广大，呈马蹄状分布，包含了太平洋大部分面积，而且从美洲延伸到亚洲东部。这个"火山圈"的周长还包揽了极大地理板块，地壳运动频繁，因此常常产生地震和火山运动。地质学家们已经确认的全球400多座火山，有三分之一集中在印度尼西亚。

爪哇岛，婆罗木火山

让人"心神不宁"的目的地

如果你觉得火山之旅还不够刺激，那么还可以选择前往那些连脚下的土地都让人"心神不宁"的目的地，就是那些随时可能发生地震的地方。你要是赶巧了，就会看到楼房怎么在眼前开裂、房屋怎么倒塌、建筑物和其他的一切如何变成一团糟……当然，我们说笑归说笑，地震对于任何一个人来讲都是一场非常可怕的经历，谁都不会忘记也不会希望发生这样的灾难。

倘若你愿意继续畅想一下，那么我们可以思考一下这个问题：地震是如何发生的？古代的时候，人们以为地震之所以发生，是因为神灵震怒而摇撼大地，还有人以为是地下深藏的怪兽想要逃脱，因而试图撕裂大地从地缝中脱身。古代的希腊人的解释就没有那么充满幻想了，他们认为地下大量的气体试图从地下逃逸出来，因此才发生地震。

今天，众所周知地震的原因也是在地表，当地壳板块在地幔上移动时，可能造成了板块之间的摩擦和相互的挤压，当发生这样的情况时，大地表面开始震动，甚至是猛烈的晃动。这种现象不是发生在任何地方，大多数情况下都是发生在地球特殊的地方，就是所谓的地震带区域。

极限刺激之旅

地动山摇的国家

　　太平洋沿岸地区的国家，例如日本、菲律宾和美国的西海岸地区都曾经发生过最强烈的地震，而另外一个非常活跃的区域，例如地中海沿岸、安纳托利亚、阿拉伯，以及印度和中国，尽管没那么强烈，但是也发生过地震。

　　要是你没有时间去游览那么多国家，最好可以根据数据，选择日本这个国家，尽管它国土面积小，但历史上多次发生过地震。日本这个国家可以说早就全力以赴对抗时时可能发生的地震灾害了，而所有的日本国民对待地震的态度也非常自然，有恐惧之心，但也安之若素。

　　要是你想体验火山和地震"并存"的国家，印度尼西亚应该是最佳的目的地。该国发生地震的强度远超日本，但是因为国土面积较大，遇到发生地震的可能性是较小的。

地震的等级如何测量？

　　科学家们使用里氏震级来测量地震的强度，这个级别从 1 到 10，里氏震级每增加一个单位，代表着 10 倍于上一级的地震强度。也就是说里氏 5 级的地震的强度是里氏 4 级的 10 倍。截至目前，根据记载，最厉害的地震强度达到了里氏 9 级！简直是无与伦比的灾难！

　　里氏震级是由美国地震学家查里斯·里克特在 1935 年提出的。尽管这一术语和当初提出的概念有所不同，但为了纪念这位科学家，地震级别的大小还是以他的名字来命名的。

海啸席卷的国家

地震有时会发生在海底，如果震级强烈，那么海底的震动会引发海水的剧烈运动，进而在海面上掀起滔天巨浪，此时，超过三四十米的波涛呼啸着、狂怒地冲向海岸，造成巨大的自然灾害。

那些在太平洋附近的国家，从亚洲东部到美国的西部，都曾经发生过强烈的海啸。而说起那些海啸席卷的国家，就有日本、印度尼西亚、澳大利亚、智利和秘鲁。

基本情况

关于海啸的称呼，在英语里被称作"tsunamis"，"tsu"意思是"海岸"或"港口"，"nami"代表"海浪"，合起来就是"发生在海岸或港口的海浪"，但是你要知道海啸可是惊涛骇浪啊！

极限温度之旅

推荐给喜欢体验极端气候的人

地区和温度

地球上的平均温度是 15 摄氏度，但这仅仅是个平均数而已，就每一个地方而言这个数字没有什么实际意义，因为根据不同的地区和季节，气温变化是很大的。在世界的某些角落里，夏天的温度可能非常容易超过了 50 摄氏度，而在冬天，某些地方很轻松就达到零下 50 摄氏度、60 摄氏度甚至 70 摄氏度，还有可能更低！

为了从一个稍微不那么痛苦的地方开始，你可以选择前往沙漠地区的某个"炼狱"或是一个热带地区，例如说靠近厄瓜多尔的地方，这些地区，太阳常年无休，日照充裕。

阿西沙：
记录不再的最热之城

在过去，世界上气温最高的城市当属利比亚的阿西沙，曾经的记录是在 1922 年 9 月 13 号，气温达到了 57.8 摄氏度，并且这个记录作为一项"世界之最"出现在书中和网上。然而，这项记录根据 2010 年和 2012 年世界气象组织的一份研究数据而被清除了，因为被认为或许测量的方法不当，不管怎么说，即使失去了"世界第一"的头衔，阿西沙作为一个有意思的、火辣辣的城市也是值得前往的。

目的地

加利福尼亚州死亡谷：热到无法呼吸

基本情况

尽管被叫作"死亡之谷"，但这个地方确实是有生命存在的，要是你有勇气前往，也会看到某些已经适应了当地炎热气候的植被、鸟类和鱼类。但是有一点一定要记住：千万不要忘记穿上轻薄的浅色衣服、带足水和能遮挡阳光的太阳帽，那里的日照可是非常强烈的。

如何到达

你可以先到达美国加利福尼亚州的洛杉矶，从那儿开车或是坐大巴，往东北大约行驶330千米就可以到达"死亡谷"，此外要确保车里的空调设备运行良好。

要是你想体会一下什么叫作"酷热"，那么有一个地方不容错过。位于美国加利福尼亚州的莫哈维沙漠，名字叫作"死亡谷"。是不是这个名字听上去就很有诱惑力？那里的夏天酷热难当，干燥异常，很少有人敢在这个季节前往。根据当地一个叫作"炉溪农场镇"气象站的检测报告，1913年7月10号，"死亡谷"的气温达到了全球最高：56.7摄氏度！"死亡谷"除了这个世界纪录之外，整个夏天气温极高，总是超过50摄氏度，而在2013年6月30日，气温达到了54.4摄氏度。所以要是你准备来年的七月前往的话，肯定可以破这个记录！

"死亡谷"

地球上其他的"炼狱"之国

假如你不屈的"探索精神"驱使你寻找一个更加炎热的地方，那么地球上还有一个和莫哈维沙漠一样可怕的沙漠地带，例如非洲北部的撒哈拉大沙漠，那里的居民在夏天时要忍受超过 50 摄氏度的高温。

距离撒哈拉大沙漠不远，在亚洲西部的地方有另外一个超级火炉，那就是利比亚的路特沙漠（意思为"空旷的荒漠"），尽管此地面积不大，但整个地区都覆盖了一层深黑色的火山石，这样的土质结构就决定了它无时无刻不在吸收太阳光的辐射。所以，可以想象这个地方自然环境多么严酷，科学家们把这个沙漠归类为"非生物因子"地区，意思是不毛之地，不能生长或生活任何一种植物或动物。

气温是如何测量的？

各个气象站官方气温的测量是按照国际气象组织统一规定的标准来执行的。把温度计放入一个浅色的木箱里，放置到距离地面 1.5 米高的地方，而这个地面应该是草坪或是土地（绝对不能是柏油路），通过这种方式来测量室外的温度。

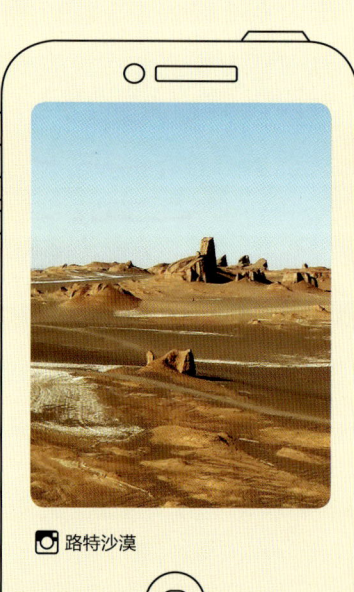

路特沙漠

目的地

南极沃斯托站：世界上最冷的地方

基本情况

据记载，1983 年 7 月 21 日南极的沃斯托站的气温达到了零下 89.2 摄氏度，打破了全球最冷的纪录，怎么样，这个数字让你惊呆了，是不是？

如何到达

沃斯托站位于南极洲大陆东部的毛德皇后地，唯一能到达该地的方法就是搭乘仅有的几次航班——例如美国的 C-130 大力神运输机前往（当然 C-130 是搭载科考人员和专业装备的飞机）。去往沃斯托站最好的季节是 10 月到来年 2 月之间，因为只有那几个月份科考站一直是白天。

假如你想领略极度的寒冷，而且是"冷得要死"的那种程度，你可以前往全球最冷的地方：南极洲。可以选择在沃斯托站落脚，该站点是俄罗斯于 1957 年建立的科考站，距离地磁南极大约 1300 米以外，海拔 3500 米（在这个海拔高度，大多数地区都被南极洲大陆厚厚的冰层所覆盖）。

可以想象，那里的气候条件有多么极端，冬季的平均气温在零下 65—70 摄氏度之间，而夏季的气温维持在零下 30—40 摄氏度之间。由于海拔的原因，氧气含量不足而臭氧层稀薄，因此紫外线照射十分强烈。除了这些外在的气候条件之外，再加上凛冽的寒风以及长期的黑暗（一年之中，只有四月末和八月初之间太阳才露出地平线）都使得沃斯托站变成了地球上最不适合居住的地方。尽管如此，依然有 25 个科学家整个夏季在南极考察，12 个科学家冬天的时候驻守在沃斯托站。如果有朝一日你去了那里，一定要给他们带上好吃的巧克力，顺便把这本小书带去给他们签字吧！

南极沃斯托站

世界上最冷的村庄：
奥伊米亚康村

基本情况

1933 年 2 月 6 日，在奥伊米亚康村测量到的温度是零下 67.8 摄氏度，创造了 80 年来最低温度的世界纪录。然而 2013 年 2 月 19 日的早晨，纪录被打破了：气温竟然下降到了零下 71.2 摄氏度！也就是说，这个温度是北半球已测量到的最低数值。

如何到达

奥伊米亚康村位于俄罗斯首都莫斯科以东 7000 多千米的地方。要到达那儿，首先需要搭乘飞机到达捷克斯洛伐克的首都雅库兹克，然后陆路向东再行驶 900 千米，有专门的出租车可以搭乘，但是你得有耐心才行，因为整个路途非常难走，而且要耗时 20 多个小时才能到达。

你要是偏爱那些有人气的地方，可以去奥伊米亚康这个位于俄罗斯西伯利亚地区群山环绕的小村庄。在那里，冬季长达 9 个月，在整个冬日白天的时间非常短，气温常常下降至零下 50—60 摄氏度。当地的土地属于"永久冻土"，因此不生长任何的树木和植被。当地的人以马肉和驯鹿肉为食，而当地能存活的动物主要吃河里打上来的鱼。

奥伊米亚康村大约 2000 户的居民们住在木头房子里，尽管小，但是建造得非常结实而且可以隔绝室外的严寒。在房屋门口你能看见成堆的木柴用作取暖的燃料，由于没有水管系统（这么冷的气候条件，冰冻的水会冻裂管道），当地人就融冰为水。出门的时候，大家都包裹着三四层的皮外套，驾驶的车辆都是双层玻璃，而且从来不敢中途熄火，否则会立马结冻就再也启动不了了！

奥伊米亚康村

极限玩水之旅

推荐给那些喜欢湿漉漉的感觉的人

江河浩瀚，海洋无边

地球可是太阳系里唯一表面上覆盖水的星球。那些无边无垠、深不可测的海洋、拥有岛屿和沙滩的大海、浩浩荡荡的河流、飞流直下的瀑布，还有那些湖泊深潭……你瞧，在你的四周有那么多的水啊！

如果一定要寻找其中的榜首，那么冠军无疑是太平洋。它是那么浩瀚无边，几乎占据了地球面积的三分之一，超过了 165000000 平方千米。从北至南长度跨越了大约 15000 千米，而从东至西，从印度尼西亚直到哥伦比亚海岸，宽度长达 19800 千米，几乎是地球周长的一半！这个世界上第一大洋拥有 25000 个岛屿，比其他所有的海洋的岛屿加起来都要多。

太平洋"太平"吗？

说起这个名字的由来，其实源自葡萄牙航海家费迪南德·麦哲伦，他第一次完成了全球航海旅行到达此片海域时，没有遇到任何风浪，因此他说"这里真是一个太平之洋啊！"，从而得名"太平洋"。但是实际情况恰恰相反，这里海啸、飓风频发，而且在海底还布满了火山，才不是什么"太平"洋呢！

📍 目的地

里海：世界上最大的咸水湖

ℹ️ 基本情况

这个巨大的咸水湖主要是由伏尔加河汇入形成的。据科学家们推测，里海形成于大约 500 万年以前，从那时开始就位于亚洲和欧洲的交界处。

🚌 ⛴ 如何到达

里海位于东欧和西亚的交界处，你可以先行去往俄罗斯的任何一个城市，或者先去阿塞拜疆、伊朗、土库曼斯坦或哈萨克斯坦，然后从当地就可以直接到达里海附近的村庄或是城市。里海拥有众多美丽的沙滩，除此之外，还有铁路跨越里海。

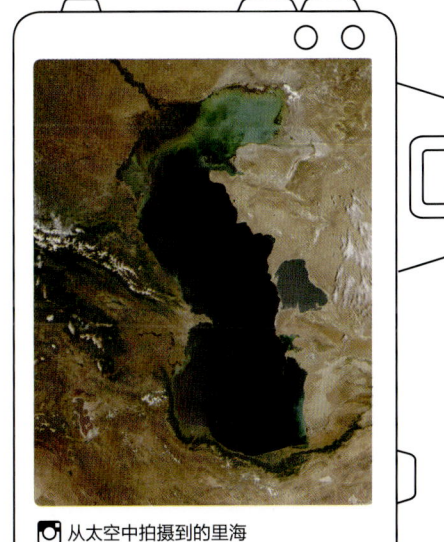

里海，作为世界上第一大咸水湖，浩瀚无边，拥有夺人心魄的美丽。在其周围，诞生了众多的古代文明，从南至北跨越 1210 千米，从东至西，超过 400 千米，如此广袤的它，与其说是"湖"不如说是"海"，总面积达到 371000 平方千米（比整个德国还大），海中最深的地方超过了 995 米，不管从哪个方面衡量，确实是一个超级大湖。

📷 从太空中拍摄到的里海

目的地

亚马孙河："地球绿肺"

40

极限玩水之旅

  在我们的地球上拥有数量众多的河流，有些蔓延数千千米，甚至穿越了不止一个大陆。直到不久之前，世界第一长河的头衔还属于非洲东北部的尼罗河，因为它众多的支流蜿蜒穿过了 11 个国家，总长度达到了 6671 千米，这个长度的确惊人，但是还不足以担当世界第一长河的美誉。

  真正的"河中霸主"当属美洲南部的亚马孙河。一份由智利、巴西、英国以及俄罗斯的科学家们在 1996—2008 年之间所做的调查报告中证明亚马孙河发源于海拔 5179 千米的安第斯山，从那里还产生了它错综复杂的众多支流。

基本情况

亚马孙河同时也是世界上流量最大的河流，河流量达每秒 22.5 万立方米，比其他三条大河尼罗河（非洲）、长江（中国）、密西西比河（美国）的总和还要大几倍呢！

如何到达

从很多地方都可以到达亚马孙河，通常情况下可以在秘鲁的伊基托斯或是巴西的玛瑙斯乘坐邮轮。在旅程中不要忘记带上一瓶效果好的驱虫剂、一顶宽檐帽，还要有一件轻薄的衣服来把胳膊和腿完全包住，再穿一双包脚的凉鞋。当然，一台照相机也是必不可少的，你可以用它来拍摄亚马孙河沿途无与伦比的自然风光。

亚马孙河流经秘鲁和哥伦比亚的部分区域，几乎穿越整个巴西，最后，它通过一个宽约 250 千米的出海口流向大西洋。亚马孙河从头至尾长度约 7062 千米（比尼罗河还长 391 千米），因此称为世界第一长河。

这条无与伦比的大河所流经的地区中就包括亚马孙雨林，那里树木繁茂，植被和动物种类非常丰富，因此被认为是"地球绿肺"。徜徉在亚马孙河上，穿越那无尽的热带雨林绝对是无人能够拒绝的绝佳的人生体验。

亚马孙河

那些难以置信的瀑布奇观

地球上有些地方由于地势落差的缘故，河水在流经断层、凹陷等地区时垂直从高空跌落，这种自然现象在地质学上叫作"跌水"，流量较小的称为"瀑布"，而流量大的称为"大瀑布"，其恢宏的气势让人赞叹。尽管在自然界有很多瀑布，但是有两个大瀑布你绝对不要错过，它们因落差巨大、水量丰沛而气势磅礴，美不胜收。

目的地

安赫尔瀑布：世界上落差第一大瀑布

基本情况

每年都有成千上万的人穿越热带丛林只为了亲眼看见安赫尔瀑布的风采。它是委内瑞拉也是南美最热门的旅游胜地。1994年，该瀑布所在地——卡奈玛国家公园被联合国教科文组织列入世界自然遗产。

如何到达

首先，到达委内瑞拉的首都加拉加斯，然后搭乘飞机飞往卡奈玛国家公园。在六月到十二月期间，你都可以加入丛林和水上游览的队伍，然后到达安赫尔大瀑布的所在地。相信当你到达时，清凉的感觉会立马袭来，瀑布下面激起的水流会让你的疲倦一扫而空。

你能想象得出来一个300层楼房那么高的瀑布吗？委内瑞拉的卡奈玛国家公园里一个名为安赫尔的大瀑布正是如此。它位于圭亚那高原，卡罗尼河支流丘伦河上。安赫尔瀑布是世界上落差最大的瀑布，丘伦河水从平顶高原奥扬特普伊山的陡壁直泻而下，几乎未触及陡崖，落差达979米。瀑布分为两级，先泻下807米的主体部分，然后再跌落剩下的172米。

安赫尔瀑布从高空跌下，一泻如注，激起浓厚的水雾笼罩着四周的热带雨林，气势磅礴，从几千米之外的地方都可以看见它的身影。

安赫尔瀑布

📍 目的地

伊瓜苏大瀑布：世界上最宽的瀑布

ℹ 基本情况

伊瓜苏大瀑布的名字来自于美洲瓜拉尼民族的语言，"伊"代表着水的意思，而"瓜苏"是大的意思，那么合起来的意思就是大量的水。真是一个恰如其分的名称！1984年，伊瓜苏大瀑布被联合国教科文组织宣布为世界自然遗产，2012年被选为"世界七大奇迹"之一。

🚌 如何到达

从阿根廷的伊瓜苏港口或是巴西的伊瓜苏河口以及巴拉圭的东方市都能到达伊瓜苏大瀑布，三个地区距离景点都很近，甚至在上述城市的机场都有大巴车直接载客到达大瀑布。

我们很难评判出哪个是世界上最美丽的瀑布，然而，阿根廷和巴西两个国家共有的伊利苏大瀑布，就是其中之一。来自伊瓜苏河上大大小小275股支流汇聚成一体，蜿蜒了几乎3千米，呈现出一个巨大的"几"字形。80%的瀑布支流集中在阿根廷这边的密西奥内斯省，那里正是著名的"魔鬼之喉"的所在地，它80多米的高度，成为世界上最著名、水量最浩荡的瀑布。置身其中，洪流奔腾之间震耳欲聋，水花飞溅之处浓雾升腾，水汽袭裹之中的人们难免会感到头晕目眩、胆战心惊，此种感受真是终生难忘！

伊瓜苏大瀑布的流量平均达到了1500立方米/秒，仿佛一瞬间从空中落下1500架坦克！这个比喻令人震撼吗？还有更厉害的：雨季时节的伊瓜苏瀑布的流量会达到15000立方米/秒，此外，2014年6月10日伊瓜苏大瀑布创下了史上最大流量：达到了45700000立方米/秒！也因为这个纪录，伊瓜苏当之无愧地被称为地球上水量最大的瀑布。

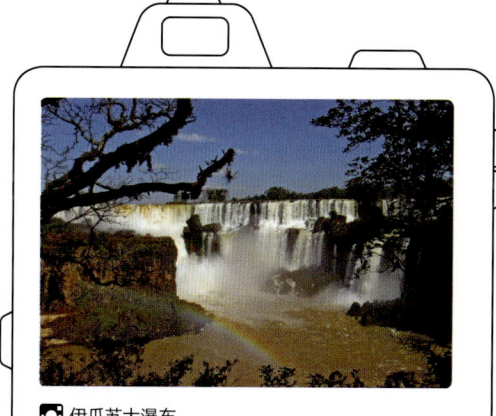

伊瓜苏大瀑布

📍 目的地

奥霍斯德尔萨拉多池：世界上最高的火山池

44

极限玩水之旅

🛈 基本情况

如果你冬天前往，很可能会看到众多的"忏悔者"，那是一种奇特的、一人高的冰柱，坚挺瘦削，拔地而起。有一件事你要记住：那里的冬天十分寒冷，所以一定要多穿衣服；此外那里时而下雨时而下雪，所以带件好一点的冲锋衣也是必须的。

🚙 🚶 如何到达

最好的出发地点是在阿根廷的卡达马尔卡省的菲尔巴拉市，往西大约行驶 230 千米，就能到达和智利的交界处圣弗朗西斯科，然后从那里可以加入通往奥霍斯德尔萨拉多火山的行程。去过的人们都说如果从湖边观赏火山，那么风景才是最佳的。

如果玩水之旅让你感到意犹未尽，那么还有一个湖泊具有双重的魅力：第一，它是世界上最高的火山池，位于世界海拔最高的火山旁边；第二，它的具体位置就在智利和阿根廷这两个国家北面交界的安第斯山中，它就是奥霍斯德尔萨拉多池，去一趟可谓"两全其美"，怎么能错过呢！

科学家们和探险家们都认为奥霍斯德尔萨拉多池是"最接近天空"的湖泊，尽管它出现在各种排行榜上，但是这个火山池却没有一个官方的认定，甚至名字都有好几个，有人叫它"奥霍斯德尔萨拉多火山池"，还有人就很简单地叫它"火山湖"。实际上，它是一个直径约 100 米、深 10 米，海拔约 6390 米的美丽的湖泊，名字源自旁边的奥霍斯德尔萨拉多火山。

📷 奥霍斯德尔萨拉多池

极限孤寂之旅

推荐给那些喜欢体验无人之境的人们

远离城市喧嚣的天涯孤岛

46

极限孤寂之旅

如果你想寻求一个远离喧嚣安静的地方，那么去一个海中的孤岛算得上是个理想的选择。我们的地球上岛屿众多，但是由于距离的原因，有三座岛屿远离尘世，算得上与世隔绝。

复活岛

目的地

复活岛：最与世隔绝的大陆

复活岛无疑是地球上大名鼎鼎的岛屿。它位于太平洋上，属于智利瓦尔帕莱索地区，但是距离这个国家还有 3256 千米，离太平洋其他岛屿的距离也很远，是最"与世隔绝"的岛屿之一。

在复活岛上只有大约 5000 居民，大部分是来此旅游的人。岛上一半的区域属于拉伯努伊国家公园，该公园在 1995 年时被联合国教科文组织列为世界文化遗产。在国家公园里人们能看到巨大的被称为"摩艾"的石像，上千座石头雕刻的人像有的重达 80000 千克，都是由岛屿的古代居民雕刻的。

目的地

特里斯坦—达库尼亚群岛：
世界上最偏远的群岛

目的地

布韦岛：世界上最遥远的无人岛

　　复活岛上的居民们虽然距离美洲大陆有3000多千米，但是向西大约2075千米，在一个叫作皮特卡因的岛上还是能找到"邻居"的。如果你想寻找一个更加与世隔绝的岛屿，那么特里斯坦—达库尼亚群岛是个理想之地。这个位于南大西洋之中的岛屿是英国的海外领地之一。特里斯坦—达库尼亚群岛距离南非2816千米，而北面离它最近的岛屿是圣海伦娜岛（也是英属领地）也有2173千米，可见，特里斯坦—达库尼亚群岛确实是个非常偏远的地方。

　　在那里居住的岛民不超过300人，岛上有互联网可以使用，但是还没有机场，所以只能从南非的好望角乘船历时7天才能到达。路途长可能还不算什么，特里斯坦—达库尼亚群岛四周都是高达500米的悬崖峭壁，因此被世界吉尼斯纪录列为"世界上最遥不可及的有人居住的岛屿"。

　　如果你想寻找一片绝对孤寂的岛屿，那么布韦岛这个位于大西洋南端的一个仅仅49平方千米的挪威岛屿就是你的目的地。它并不算与世隔绝，但是那里一直无人居住，而最靠近布韦岛的地方是1600千米以南的毛德皇后地——属于南极洲地区的无人之地。

　　布韦岛几乎被冰雪覆盖，除了露出地面的小块岩层上生长着苔藓和地衣外，这里没有其他任何植被。这个浩瀚大洋之中的岛屿，奇异而孤寂，曾经是一部名为《异形大战铁血战士》（2004）科幻片的外景地之一。这个岛上还有互联网覆盖，但是目前还没人到那儿去上网，怎么样，你想成为第一个吗？

　　有意思的是，这个世界上最遥远的无人岛，是特里斯坦—达库尼亚群岛周边最近的地方了，两个岛屿绝世而独立，中间相隔2260千米的茫茫大海。

目的地

阿勒特站：最靠近北极的地方

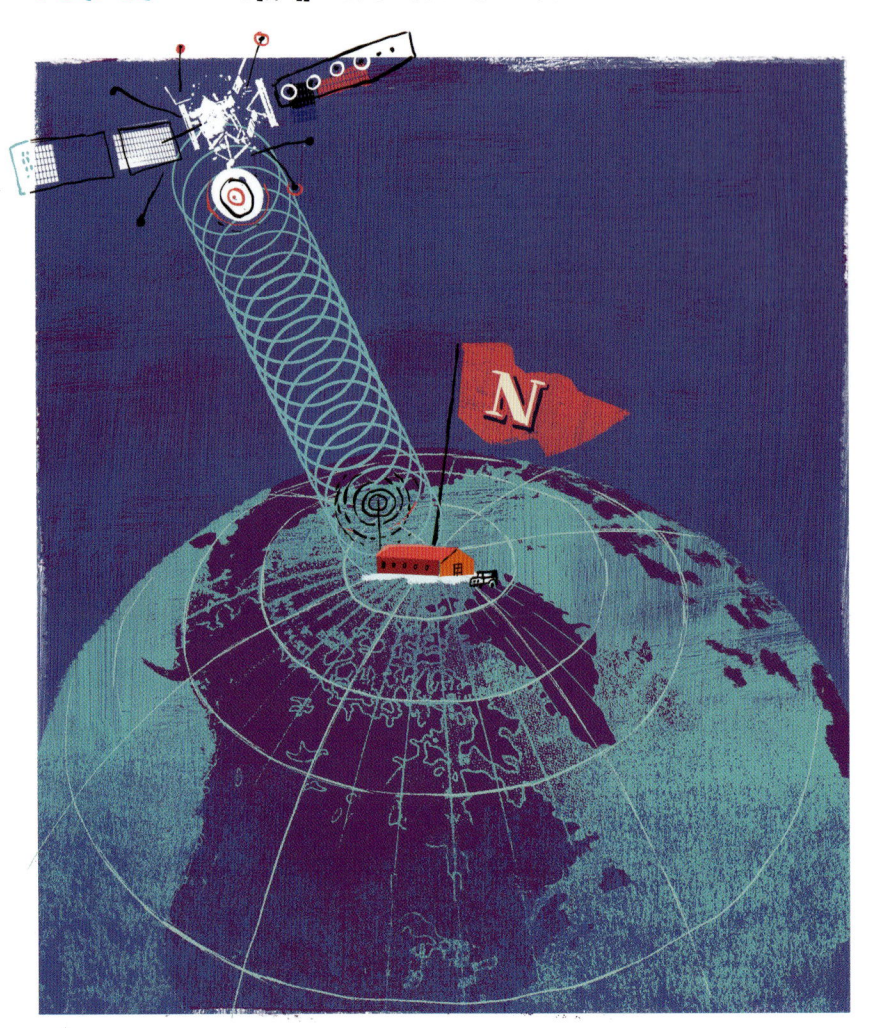

极限孤寂之旅

48

基本情况

从每年的四月到八月份，人们在阿勒特站才能看到太阳从地平线上升起，这意味着这里要开始四个月全是"白天"的日子，而从十月到次年的二月，则开始长达四个月的"黑夜"，只有在八月到十月、二月到四月之间，太阳的升降时间才和世界其他地方差不多。所以，如果你不知道何时去阿勒特站旅行，那么首先应该考虑你是喜欢整日白天、黑夜还是和平常差不多的日子，再来制定行程。

如何到达

要到达这个地球上最偏僻的观测站并非易事，它距离阿勒特机场仅1千米，但是机场是由加拿大国防部掌控的，你得提交申请文件才可能搭乘军用飞机到达观测站。

阿勒特站位于加拿大特埃尔斯米尔岛，拥有世界上最北端的公路和机场。距离北极点约817千米，位于北纬82度28分（北极的纬度是北纬90度）。在那里有一个军事气象观测站，驻守着大约50几名工作人员，仅有4—5名永久性居民。因为地理位置的原因，阿勒特地区气候十分寒冷，最"炎热"的季节当属七月，平均温度是3.3摄氏度！

阿勒特站

目的地

阿蒙森—斯科特站：最靠近南极的地方

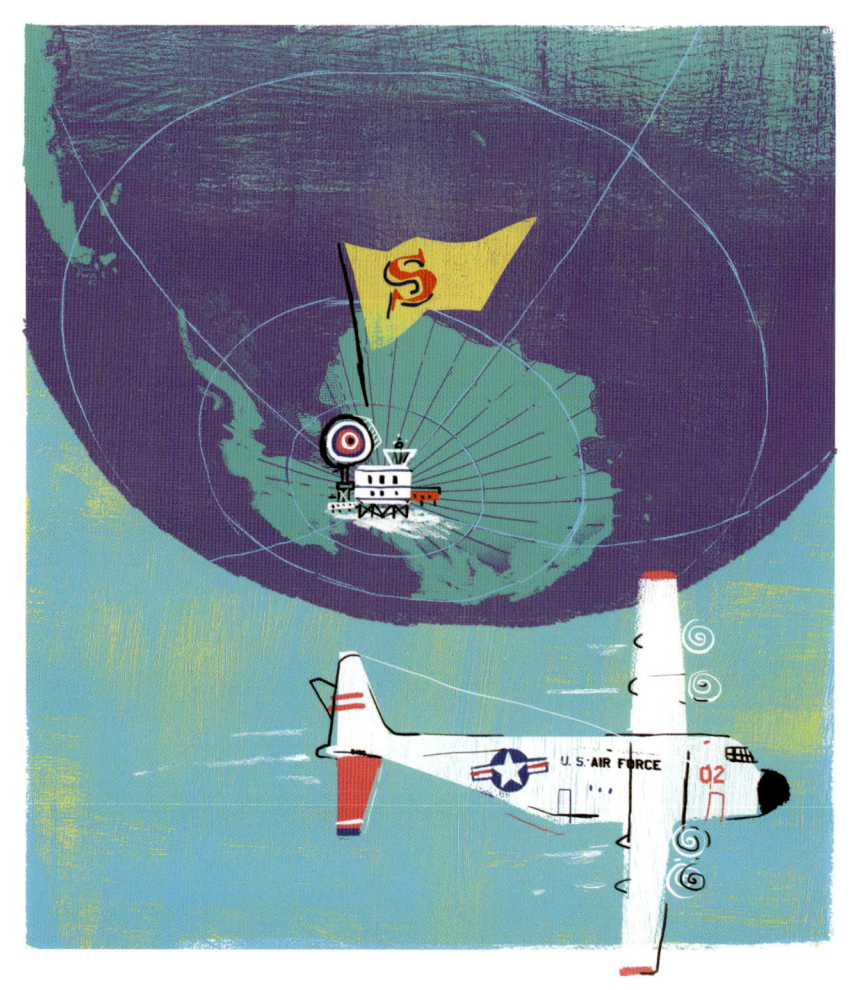

基本情况

1956 年在此地建立了第一个站点，但不久之后被废弃。2008 年时，在距离南极圈 1 千米的地方建成了一个新的宽敞而又现代的基站楼。夏季时分，正是南极 24 小时白天的时候，在基站楼里大约会有 150 个人，包括科学人员、技术人员以及后勤支持人员。那么多的人之所以汇聚在阿蒙森—斯科特站这个与世隔绝的地方，是因为它其极端特殊的地理位置，因为只有此地才能进行一些独一无二的、而且是非常有趣的研究，例如气象学、天文学、地质学以及其他学科的实验和观测。而到了三月份南极秋季到来之时，终日黑暗的日子也来临，大多数人员撤离站点，仅留下 30 来个人继续驻守在此。

如何到达

每年的十月和二月期间，阿蒙森—斯科特站的杰克·F·帕洛斯机场会接纳几架军用飞机，它们装载着人员、补给以及设备器材等从南极东部的最大的科学研究中心——麦克默多站过来。

阿蒙森—斯科特站位于南极洲，海拔超过 2800 米，纬度位置 89 度 59 分，几乎就处于南极点上！以 1911 年和 1912 年先后到达南极点的两位著名探险家阿蒙森、斯科特的姓氏命名。

阿蒙森—斯科特站的温度区间是零下 14 摄氏度（最高温度）到零下 82 摄氏度，总体而言，最"暖和"的月份是十二月的白天，平均温度是零下 28 摄氏度，而南极的七月份是最冷的时候，每天 24 小时都是黑夜，平均温度只有零下 60 摄氏度。

阿蒙森—斯科特站

人类到达的最远的地方

人类几乎探索和到达了地球上的任何角落：不管是极度寒冷的还是极度炎热的、海拔最高的和海拔最低的，也不管是绝对闭塞的还是非常不适合人类居住的、非常危险的地方，总之，到处都有人类的踪迹。但是还有一个地方是所有这些之中最为独特的，也是我们人类曾经涉足过的地方——月球。

月球作为地球唯一的卫星，距离我们的平均距离是 384000 千米，在 1969 年 7 月到 1972 年 11 月期间，通过美国国家航空航天局的 11，12，14，15，16 和 17 号阿波罗载人飞船，前后有 12 名宇航员到达月球，而且行走在月球表面的六个地方。直到我们这本小书出版之前，这些宇航员是唯一穿越太空、漫步在那充满尘埃和岩石的灰色星球的人类！

极限孤寂之旅

你想漫步月球吗？

据说到了 2020 年或是 2025 年人类就可以再次登月，而且会搭乘更加先进的火箭和飞船，也不再是来去匆匆，而是在月球上搭建了小型的科学基站。到 2030 年，科学家们还准备进行一次登陆火星的行动。如果能实现，那么这次火星之旅势必会成为我们人类有史以来到达的最远的地方。

极限奇趣之旅

推荐给那些喜欢寻找奇遇的人

极限奇趣之旅

哥伦比亚约罗：世界上降雨量最多的地方

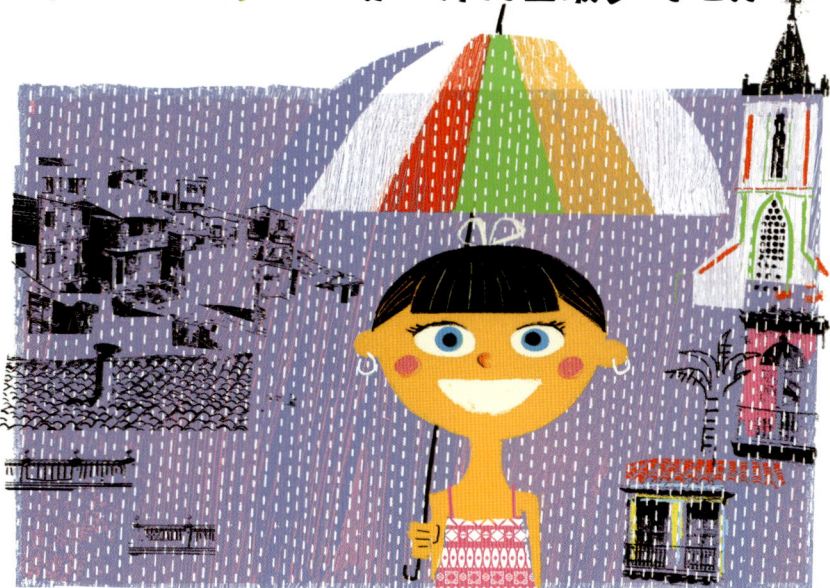

基本情况

你或许会问："为什么约罗雨水那么多呢？"原来在这个地方汇聚了来自北方和南方的气流，带来了太平洋和加勒比海的湿气。当两股潮湿的空气流相遇之后，再加上当地多山的地貌，空气中的水分越来越多，最后就产生了降雨的情况。

如何到达

要到达约罗这个地方可是需要一些耐心的。首先，你需要先到达哥伦比亚的首都圣菲波哥大，在那里乘坐飞机，大约1个小时的行程到达基多市，然后陆路行驶25千米到达一个叫作约多的村子，随后还得乘船，沿着阿特拉托河向东行驶大概20多千米，最后才能到达目的地。

要是你想体会从头到脚湿透的感觉，世界降水第一的城市——约罗一定符合你的要求，它位于哥伦比亚，临近与巴拿马的交界处。对于居住在那里的人来说，雨水是当地农业生活中最重要的天气"杠杆"。年平均降雨量达到13300毫米，这意味着当地每平方米的土地上每年都会降下约13000升的雨水。很多了是吧？然而，这仅仅是个平均数，据气象记录记载：约罗在1974年的降雨量是这个平均数的两倍，也就是说当年每平方米的土地上的降雨量达到了26000升！

创下历史纪录的地方

1956年6月4日，美国的尤宁维尔曾经在一分钟的降雨量达到了312毫米。可以想象，60分钟之内全城会是一片汪洋！

1966年1月7日到8日，强台风丹尼斯登陆印度洋上的福柯岛，造成的强降雨达到了1825毫米，一天之内的降雨量几乎等同一个国家在一年之内的全部降雨量！

约罗

◎ 目的地

阿塔卡马沙漠：世界上最干燥的地方

ℹ 基本情况

阿塔卡马沙漠干燥异常，很多科学家们都断言，阿塔卡马沙漠的自然情况几乎和火星上的风景无异！

✈ 🚌 如何到达

最直接到达的方式应该是在智利的圣地亚哥或是阿根廷的萨尔塔搭乘飞机，直接飞到智利的卡拉马市，然后乘坐大巴，经过一个小时的车程。这段路途路况良好，两侧都是美丽的山景，最后到达阿塔卡马地区的入口处——圣佩德罗，从那里可以进入沙漠地区。

要是你想去一个绝对不会下雨或是连一片云都没有的地方，阿塔卡马沙漠肯定符合标准。它位于智利的北部，年平均降雨量不到 0.1 毫米，你能想象吗？一年之中降下的雨水也不如其他最缺雨的地区一时落下的零星小雨。而记录显示某些年里阿塔卡马沙漠降雨量甚至为零！

智利的港口城市阿里卡地区非常干旱，曾经在 1903 年 10 月—1918 年 1 月间，一点儿雨都没下，无雨期达到了 173 个月！创造了世界上最长时间不下雨的记录。

📷 阿塔卡马沙漠

目的地

乌尤尼盐湖：含盐量最高的盐湖

基本情况

因为反射光线的缘故，乌尤尼盐湖上一片洁白，因此在前往时不要忘记戴墨镜以及可以遮挡日光的太阳帽等防护装备。乌尤尼盐湖所处的海拔较高，气温寒冷，因此一定要带上厚外套。

如何到达

首先可以到达玻利维亚南部城市波多西，从那里搭乘大巴前往乌尤尼盐湖所在的同名城市，海拔大约在3700米。如果预算充裕，你还可以体验一下当地的特色旅馆，它们不是普通的砖木结构，而是用盐块砌成的！

如果你想感受什么叫作不可思议的美景，那么玻利维亚的乌尤尼盐湖就不容错过。作为世界上最大的盐湖，它同时也是南美洲最有魅力的旅游胜地之一。

乌尤尼盐湖占地面积10600平方千米，几乎和牙买加的国土面积一样大。盐湖由几大含盐的矿物质硬壳构成，厚度可达100米（盐层之下还有咸水层和泥层）。据科学家们计算，乌尤尼盐湖的含盐量超过了100亿吨。

你或许要问这么多的盐是从哪里来的？数万年前这里有两个巨大的湖泊——明青湖和塔乌卡湖，几个世纪之后因为干旱和炎热的缘故，水分渐渐蒸发，成为仅仅剩下少量水的池塘，湖底干涸之后形成了巨大的含盐的平原。乌尤尼盐湖四周还分布着一些岛屿，在那里你甚至可以看到10米高的仙人掌！

乌尤尼盐湖

目的地

杰克山冈：地球上最古老岩石的发现地

基本情况

2014年，美国国家航天航空局的科学家们在澳大利亚中西部地区名为"杰克山冈"岩石当中发现了一种蓝色的矿物质——锆石（一种硅酸盐矿物，其形成时间非常漫长，是地球上最古老的矿物之一。因其稳定性好，而成为同位素地质年代学最重要的定年矿物），通过分析这些锆石成分，科学家们就可以精确地计算出这些岩石的年龄：43.74亿年！也就是说这个地区地表的岩层正是地球形成并冷却后的产物！真是令人吃惊，是不是？

如何到达

首先需要乘飞机到达西澳大利亚州首府珀斯，然后走陆路，向澳大利亚以北行驶约800千米，即可以到达目的地。

地球形成初期的"遗迹"迄今为止很难寻觅，众所周知，地球表面经历了不断演变和更新的过程。然而，时至今日仍然有些年代久远的山脉矗立在我们眼前，这些山脉有20亿年甚至30亿年的历史。在前面的篇章中，我们已经知道地球大约形成于45亿年前，因此，相比地球而言，那些山脉已经算得上非常古老了。

但是，如果一定要追本溯源，那么我们可以直接找到杰克山冈。它位于澳大利亚以西，看上去不过是些低矮的山包，但是论年龄，它可谓超级古老。据科学家们推断，这个80多千米长的山冈是地球表面上所有山脉当中年龄最为久远的，它形成于大约30亿年前的一次地壳运动，由于地表褶皱冒出了地球上最古老的岩石，而它的年龄大概超过了40亿年！

杰克山冈

"地球之最"在这里哦！

- 阿勒特站 48
- 芒特索尔山 15
- 加利福尼亚州死亡谷 33
- 基劳亚火山 25
- 冒纳罗亚火山 26
- 夏威夷
- 安赫尔瀑布 42
- 哥伦比亚约罗 52
- 钦博拉索山 14
- 亚马孙河 40
- 秘鲁的拉林科纳达 16
- 乌尤尼盐湖 54
- 哥伦比亚约罗 46
- 阿塔卡马沙漠 53
- 奥霍斯德尔萨拉多池 43
- 伊瓜苏大瀑布 43
- 特里斯坦-达库尼亚群岛 47

大西洋

太平洋

38

编号	地点
50	月球
36	北极的奥伊米亚康村
19	库鲁伯亚拉洞穴
39	里海
32	阿西沙
22	杰里科
18	死海
34	路特沙漠
16	中国西藏的温泉
13	珠穆朗玛峰
—	日本
29	菲律宾
20	马里亚纳海沟
27	爪哇岛的婆罗木火山
—	印度尼西亚
55	杰克山冈
47	布韦特岛
35	南极沃斯托站
49	阿蒙森-斯科特站
—	撒哈拉沙漠
—	太平洋

"极限感受"之特别推荐

可以阅读的书籍

《地球奇趣》李奥纳多·莫莱诺（南美出版社，1997年）
《不可思议的地球》安—杰尼特·坎贝尔和罗纳多·路德（Emecé 出版社，2000年）
《关于地震的故事》埃斯特班·玛格娜妮（知识财富出版社，2006年）

可以观赏的电影

《珠穆朗玛峰》导演：巴塔萨·科马库（2015年）
《火山情焰》导演：伯纳德 L. 科瓦斯奇（1968年）
《大地震》导演：马克罗布森（1974年）
《南极大冒险》导演：弗兰克·马歇尔（2006年）
《深海挑战 3D》导演：约翰—布鲁诺，昆特和安德鲁—韦特（2014年）

可以浏览的网站

Montipedia—关于山脉的百科知识网站
www.montipedia.com/montanas/
西班牙地质协会
www.sociedadgeologica.es
世界气象组织
www.wmo.int/pages/index_es.html
世界美景大全
locuraviajes.com/blog/category/lugares/

译者序

2007年时天涯网上有一个关于儿时读过的科普书籍的调查，在网友们纷纷暴露年纪的发言中，《少年科学画报》、《世界真奇妙》以及《十万个为什么》等读物好似童年的老友一般重现在我们面前，是啊，从20世纪初到今天，世界发生了如此翻天覆地的变化，当年的小读者们——大约20世纪70年代末到80年代初的这一批人很多已经为人父母，而您手上的这本来自阿根廷依米凯出版社的丛书的编者恰恰也是这批人。

依米凯出版社的创立者依爱娜·洛特斯坦恩和卡尔拉·巴莱德斯，连同旗下系列图书的其他主编、插图的绘制者们均是一批永远充满好奇心的人，他们基本上都是物理学、生物学、化学的背景出身，拥有专业知识，同时也有先见之明，他们选择做"世界上最有意思、最具创造力和最新颖的书籍。"正是他们自身对于科学的爱好和分享精神，才产生了这家出版社以及一系列的优质的、并且多次在阿根廷获得金奖的少儿图书。

我们能感受到编者的真诚：在《儿童好奇心动物大百科》中通过娓娓动听的讲述，让孩子们贴近自然、了解生物的多样性，学会尊重生态平衡；在《地球险境历险记》和《太阳系险境历险记》中让孩子们转向更为广阔的世界和无边无际的宇宙；叙述者绝非板起面孔来地教导，而是有着无尽的耐心和关爱，带着孩子们一点点地成长。正是通过这种润物细无声的讲述，知识才汇成涓涓细流，滋润着孩子的童年和少年的心田。

魏淑华

2017年于北京

《儿童好奇心动物大百科 动物吃货的恶心事》　　《儿童好奇心动物大百科 动物多生孩子的独门绝技》　　《儿童好奇心动物大百科 动物特种部队的绝杀武器》

《太阳系险境历险记》 　　《地球险境历险记》

如何使用本书：

　　读书、讨论以及扩展是最大化利用本书的方法。在读的环节，建议教育者们和孩子一同阅读，然后共同探讨其中的细节，每本图书均有延伸读物或是音频视频的推介，可以和孩子们一同观看，寓教于乐。